List of Woody Plant Materials

ABELIA, Caprifoliaceae
A. chinensis
A. grandiflora
A. grandiflora Goucherii
A. Schumannii

ABIES, Pinaceae
A. concolor
A. Fraseri
A. homolepsis
A. Nordmanniana

ACANTHOPANAX, Araliaceae
A. Henryi
A. Sieboldianus

ACER, Aceraceae
A. campestre
A. Ginnala
A. griseum
A. Negundo
A. nikoense
A. nipponicum
A. palmatum
A. palmatum atropurpureum
A. pensylvanicum
A. platanoides
A. platanoides Schwedleri
A. Pseudoplatanus
A. rubrum
A. saccharinum
A. saccharinum Wieri
A. saccharum
A. tataricum

ADINA, Rubiaceae
A. rubella

AESCULUS, Hippocastanaceae
A. carnea
A. glabra
A. Hippocastanum
A. Hippocastanum Baumannii
A. octandra
A. Pavia
A. parviflora
A. turbinata

AETHIONEMA, Cruciferae
A. grandiflorum

AILANTHUS, Simaroubaceae
A. altissima

AKEBIA, Lardizabalaceae
A. quinata

ALBIZZIA, Leguminosae
A. julibrissin
A. julibrissin rosea

ALNUS, Betulaceae
A. rugosa
A. tenuifolia occidentalis

ALYSSUM, Cruciferae
A. saxatile

AMELANCHIER, Rosaceae
A. canadensis
A. florida
A. grandiflora

AMELANCHIER, Rosaceae
- A. laevis
- A. laevis rosea
- A. stolonifera

AMORPHA, Leguminosae
- A. brachycarpa
- A. canescens
- A. fruticosa
- A. nana

ARALIA, Araliaceae
- A. spinosa

ARCTOSTAPHYLOS, Ericaceae
- A. uva-ursi

ARONIA, Rosaceae
- A. arbutifolia
- A. arbutifolia brilliantissima
- A. melanocarpa
- A. melanocarpa elata
- A. prunifolia

ARTEMISIA, Compositae
- A. frigida
- A. sacrorum viridis

ASIMINA, Annonaceae
- A. triloba

AUCUBA, Cornaceae
- A. japonica
- A. japonica variegata

BACCHARIS, Compositae
- B. halimifolia

BERBERIS, Berberidaceae
- B. aggregata Prattii
- B. aristata
- B. brachypoda
- B. candidula
- B. Chenaultii

BERBERIS, Berberidaceae
- B. Gagnepainii
- B. ilicifolia
- B. inermis
- B. Julianae
- B. koreana
- B. mentorensis
- B. Purdomi
- B. Sargentiana
- B. Thunbergii
- B. Thunbergi erecta
- B. Thunbergi minor
- B. triacanthophora
- B. Veitchii
- B. Vernae
- B. verruculosa
- B. vulgaris
- B. vulgaris atropurpurea
- B. Wilsonae
- B. Wilsonae Stapfiana

BETULA, Betulaceae
- B. lenta
- B. lutea
- B. nigra
- B. papyrifera
- B. populifolia
- B. pubescens

BISCHOFIA, Eurphorbiaceae
- B. javanica

BROUSSONETIA, Moraceae
- B. papyrifera

BRUCKENTHALIA, Ericaceae
- B. spiculifolia

BUDDLEIA, Loganiaceae
- B. alternifolia
- B. Davidii Wilsoni Ile de France
- B. Davidii superba

BUDDLEIA, Loganiaceae
B. Farquharii
B. hybrida Charming
B. hybrida Dubonnet
B. hybrida Fascinating
B. hybrida Fortune
B. hybrida Royal Red
B. hybrida White Profusion
B. intermedia
B. nivea

BUXUS, Buxaceae
B. balearica
B. microphylla japonica
B. microphylla koreana
B. sempervirens angustifolia
B. semperivrens arborescens
B. sempervirens Handsworthii
B. sempervirens pyramidata
B. sempervirens rotundifolia
B. sempervirens suffruticosa

CALLICARPA, Verbenaceae
C. americana
C. Bodinieri Giraldii
C. dichotoma
C. japonica

CALLUNA, Ericaceae
C. vulgaris
C. vulgaris alba

CALYCANTHUS, Calycanthaceae
C. floridus
C. occidentalis

CAMPSIS, Bignoniaceae
C. radicans

CARAGANA, Leguminosae
C. arborescens
C. arborescens pendula
C. pygmaea

CARPINUS, Betulaceae
C. Betulus fastigiata
C. caroliniana
C. japonica
C. laxiflora
C. Tschonoskii

CARYA, Juglandaceae
C. glabra
C. ovalis
C. ovata
C. tomentosa

CARYOPTERIS, Verbenaceae
C. Blue Mist
C. incana
C. mongholica

CASTANEA, Fagaceae
C. crenata
C. dentata

CATALPA, Bignoniaceae
C. bignonioides

CEANOTHUS, Rhamnaceae
C. americanus
C. Delilianus Arnouldii
C. Delilianus Gloire de Versailles
C. pallidus roseus
C. Bijou
C. Marie Simon
C. Pinguet-Guindon

CEDRELA, Meliaceae
C. sinensis

CEDRUS, Pinaceae
C. atlantica
C. atlantica glauca
C. Deodara
C. libani

CELASTRUS, Celastraceae
C. Loeseneri
C. scandens

CELTIS, Ulmaceae
C. Lindheimerii
C. occidentalis

CEPHALANTHUS, Rubiaceae
C. occidentalis

CEPHALOTAXUS, Taxaceae
C. drupacea fastigiata
C. drupacea nana
C. drupacea pedunculata
C. Fortuni

CERATOSTIGMA, Plumbaginaceae
C. plumbaginoides

CERCIDIPHYLLUM, Cercidiphyllaceae
C. japonicum
C. japonicum sinense

CERCIS, Leguminosae
C. canadensis
C. canadensis alba
C. chinensis

CHAENOMALES, Rosaceae
C. japonica
C. kermesima semi-plena
C. lagenaria
C. lagenaria cardinalis
C. lagenaria Columbia
C. lagenaria frutico-alba
C. lagenaria macrocarpa
C. lagenaria Marmorata
C. lagenaria nivalis
C. sinensis
C. superba atrosanquinea

CHAMAECYPARIS, Pinaceae
C. Lawsoniana
C. Lawsoniana Allumi
C. Lawsoniana erecta
C. Lawsoniana glauca
C. Lawsoniana Meehan's hardy
C. Lawsoniana pendula
C. nootkatensis glauca
C. obtusa breviramea
C. obtusa Crippsii
C. obtusa lycopodioides
C. obtusa nana
C. pisifera
C. pisifera aurea
C. pisifera filifera
C. pisifera plumosa
C. pisifera plumosa aurea
C. pisifera squarrosa
C. pisifera squarrosa nana
C. pisifera squarrosa Veitchii
C. thyoides

CHAMAEDAPHNE, Ericaceae
C. calyculata

CHIMAPHILA, Pyrolaceae
C. umbellata

CHIMONANTHUS, Calycanthaceae
C. praecox

CHIONANTHUS, Oleaceae
C. retusus
C. virginicus

CHRYSANTHEMUM, Compositae
C. morifolium
C. sibiricum

CISTUS, Cistaceae
C. cyprius

CISTUS, Cistaceae
- C. hirsutum
- C. laurifolius

CLADRASTIS, Leguminosae
- C. lutea
- C. platycarpa

CLEMATIS, Ranunculaceae
- C. heracleaefolia Davidiana
- C. Jackmani
- C. lanuginosa Candida
- C. lanuginosa Crimson King
- C. Lawsoniana
- C. Lawsoniana Nelly Moser
- C. Mme. E. Andre
- C. paniculata
- C. virginiana

CLERODENDRON, Verbenaceae
- C. trichotomum

CLETHRA, Clethraceae
- C. alnifolia
- C. alnifolia rosea
- C. barbinervis
- C. tomentosa

CLEYERA, Ternstroemea
- C. japonica

COLUTEA, Leguminosae
- C. arborescens
- C. media

COMPTONIA, Myricaceae
- C. peregrina

CORNUS, Cornaceae
- C. alba
- C. alba sibirica
- C. alternifolia
- C. Amomum
- C. asperifolia

CORNUS, Cornaceae
- C. Baileyi
- C. capitata
- C. controversa
- C. florida
- C. florida pluribracteata
- C. florida rubra
- C. florida salicifolia
- C. florida Welchii
- C. florida xanthocarpa
- C. Kousa
- C. Kousa chinensis
- C. mas
- C. officinalis
- C. paucinervis
- C. pubescens
- C. racemosa
- C. rugosa
- C. sanguinea viridissima
- C. stolonifera
- C. Walteri

CORYLOPSIS, Hamamelidaceae
- C. pauciflora
- C. platypetala
- C. sinensis
- C. spicata

CORYLUS, Betulaceae
- C. Avellana Cosford
- C. Avellana Kent Cob

COTINUS, Anacardiaceae
- C. americanus
- C. Coggygria

COTONEASTER, Rosaceae
- C. acutifolia
- C. acutifolia villosula
- C. adpressa
- C. ambigua
- C. apiculata

COTONEASTER, Rosaceae
C. bullata
C. buxifolia
C. buxifolia vellaea
C. Dammeri radicans
C. Dielsiana
C. Dielsiana elegans
C. divaricata
C. foveolata
C. Francheti
C. Henryana
C. horizontalis
C. horizontalis perpusilla
C. horizontalis Wilsonii
C. hupehensis
C. integerrima
C. Lindleyi
C. lucida
C. melanocarpa
C. microphylla
C. multiflora
C. nitens
C. obscura
C. pannosa
C. racemiflora
C. racemiflora nummularia
C. racemiflora soongorica
C. racemiflora Veitchii
C. rosea
C. rotundifolia
C. salicifolia floccosa
C. salicifolia rugosa
C. Simonsii
C. uniflora
C. Zabeli

CRATAEGUS, Rosaceae
C. crus-galli
C. Lavallei
C. Oxyacantha rosea

CRATAEGUS, Rosaceae
C. phaenopyrum
C. punctata

CRYPTOMERIA, Pinaceae
C. japonica
C. japonica dacrydioides
C. japonica Lobbii
C. japonica sinensis Jundai-Sugi

CUDRANIA, Moraceae
C. tricuspidata

CUNNINGHAMIA, Pinaceae
C. lanceolata

CYDONIA, Rosaceae
C. oblonga

CYRILLA, Cyrillaceae
C. racemiflora

CYTISUS, Leguminosae
C. Andreanus
C. scoparius
C. sessilifolius

DAPHNE, Thymelaeaceae
D. Cneorum
D. Genkwa
D. Mezereum
D. Mezereum alba
D. odora
D. odora marginata
D. Somerset

DAVIDIA, Nyssaceae
D. involucrata
D. involucrata Vilmoriniana

DECAISNEA, Lardizabalaceae
D. Fargesii

DECUMARIA, Saxifragaceae
D. barbara

DEUTZIA, Saxifragaceae
- D. carnea lactea
- D. gracilis
- D. kalmiaeflora
- D. Magicien
- D. Montrose
- D. parviflora
- D. scabra
- D. scabra candidissima Snow Flake
- D. scabra macrocephala
- D. scabra plena Pride of Rochester

DIERVILLA, Caprifoliaceae
- D. sessilifolia

DIOSPYROS, Ebenaceae
- D. virginiana

DIRCA, Thymelaeaceae
- D. palustris

DRYAS, Rosaceae
- D. octopetala

EHRETIA, Boraginaceae
- E. thyrsiflora

ELAEAGNUS, Elaeagnaceae
- E. angustifolia
- E. commutata
- E. multiflora
- E. pungens
- E. umbellata

ELLIOTTIA, Ericaceae
- E. racemosa

ELSHOLTZIA, Labiatae
- E. Stauntoni

ENKIANTHUS, Ericaceae
- E. campanulatus
- E. campanulatus Palibinii recurvus
- E. campanulatus Palibinii tectus
- E. perulatus

EPIGAEA, Ericaceae
- E. repens

EUCOMMIA, Eucommiaceae
- E. ulmoides

EUONYMUS, Celastraceae
- E. alata
- E. americana
- E. atropurpurea
- E. europaea alba
- E. Fortunei
- E. Fortunei colorata
- E. Fortunei Kewensis
- E. Fortunei radicans
- E. Fortunei vegeta
- E. japonica
- E. japonica argenteo-variegata
- E. japonica aureo-marginata
- E. japonica aureo-variegata
- E. japonica macrophylla
- E. japonica microphylla
- E. Maackii
- E. nana
- E. obovata
- E. Sieboldiana
- E. yedoensis calocarpa

EUPTELEA, Trochodendraceae
- E. polyandra

EURYA, Theaceae
- E. japonica

EVODIA, Rutaceae
- E. Daniellii
- E. Henryi
- E. hupehensis

EXOCHORDA, Rosaceae
- E. Giraldii
- E. Giraldii Wilsonii
- E. racemosa

FAGUS, Fagaceae
- F. grandifolia
- F. sylvatica
- F. sylvatica atropunicea
- F. sylvatica laciniata
- F. sylvatica Riversii

FICUS, Moraceae
- F. Carica
- F. tropical

FONTANESIA, Oleaceae
- F. Fortunei

FORESTIERA, Oleaceae
- F. neo-mexicana

FORSYTHIA, Oleaceae
- F. intermedia primulina
- F. intermedia spectabilis
- F. ovata
- F. suspensa Fortunei
- F. suspensa Sieboldii
- F. viridissima

FOTHERGILLA, Hamamelidaceae
- F. Gardenii
- F. major
- F. monticola
- F. parvifolia

FRAXINUS, Oleaceae
- F. americana
- F. mandshurica
- F. nigra
- F. Ornus
- F. pennsylvanica
- F. pennsylvanica lanceolata
- F. quadrangulata

FUCHSIA, Onagraceae
- F. magellanica
- F. magellanica alba
- F. magellanica riccartonii

GAULTHERIA, Ericaceae
- G. procumbens

GAYLUSSACIA, Ericaceae
- G. baccata
- G. brachycera

GINKGO, Ginkgoaceae
- G. biloba
- G. biloba fastigiata

GLEDITSIA, Leguminosae
- G. triacanthos
- G. triacanthus inermis

GLYPTOSTROBUS, Pinaceae
- G. pensilis

GORDONIA, Theaceae
- G. alatamaha

GREWIA, Tiliaceae
- G. biloba parviflora

GYMNOCLADUS, Leguminosae
- G. dioicus

HALESIA, Styracaceae
- H. carolina
- H. diptera
- H. monticola

HALIMODENDRON, Leguminosae
- H. halodendron

HAMAMELIS, Hamamelidaceae
- H. japonica
- H. japonica flavo-purpurascens
- H. japonica Zuccariniana
- H. mollis

HAMAMELIS, Hamamelidaceae
H. vernalis
H. vernalis tomentella
H. virginiana
H. virginiana rubescens

HEDERA, Araliaceae
H. colchica
H. Helix
H. Helix aureo-variegata
H. Helix conglomerata
H. Helix Merion
H. Helix minima
H. Helix pedata
H. Helix Pittsburgh
H. Helix sylvania

HELIANTHEMUM, Cistaceae
H. alpestre
H. grandiflorum
H. nummularium Buttercup
H. nummularium Fireball

HELWINGIA, Cornaceae
H. japonica

HIBISCUS, Malvaceae
H. sanguineus
H. syriacus albus
H. syriacus coelestris

HIPPOPHAË, Elaeagnaceae
H. rhamnoides

HOLODISCUS, Rosaceae
H. discolor ariaefolius

HOVENIA, Rhamnaceae
H. dulcis

HYDRANGEA, Saxifragaceae
H. arborescens
H. macrophylla Hortensis
H. macrophylla Mariesii
H. paniculata grandiflora

HYDRANGEA, Saxifragaceae
H. petiolaris
H. quercifolia
H. serrata acuminata

HYPERICUM, Guttiferae
H. Buckleyi
H. calycinum
H. frondosum
H. Kalmianum
H. Moserianum
H. patulum
H. Sungold

IBERIS, Cruciferae
I. sempervirens

IDESIA, Flacourtiaceae
I. polycarpa

ILEX, Aquifoliaceae
I. altaclarensis Hodginsonii
I. Aquifolium
I. Aquifolium argentium
I. Aquifolium aurea
I. Aquifolium Green
I. collina
I. cornuta
I. cornuta Burfordii
I. crenata
I. crenata convexa
I. crenata Helleri
I. crenata nummularia
I. crenata praecox
I. decidua
I. geniculata
I. glabra
I. laevigata
I. latifolia
I. montana
I. opaca
I. opaca Laura
I. opaca xanthocarpa

ILEX, Aquifoliaceae
- I. pedunculosa
- I. Pernyi
- I. serrata
- I. verticillata
- I. verticillata chrysocarpa
- I. verticillata polycarpa
- I. yunnanensis

INDIGOFERA, Leguminosae
- I. amblyantha
- I. Gerardiana
- I. Kirilowii
- I. Potaninii

ITEA, Saxifragaceae
- I. virginica

JASMINUM, Oleaceae
- J. nudiflorum
- J. stephanense

JUGLANS, Juglandaceae
- J. nigra
- J. regia
- J. ovata

JUNIPERUS, Pinaceae
- J. chinensis
- J. chinensis Albrechtiana
- J. chinensis Pfitzeriana
- J. chinensis Sargenti
- J. communis depressa
- J. communis hibernica
- J. horizontalis
- J. horizontalis Bar Harbor
- J. horizontalis plumosa
- J. horizontalis plumosa Andorra
- J. Muelleri
- J. Sabina tamariscifolia
- J. squamata Fargesii
- J. virginiana
- J. virginiana Canaertii

JUNIPERUS, Pinaceae
- J. virginiana glauca
- J. virginiana Keteleeri
- J. virginiana Schottii

KALMIA, Ericaceae
- K. angustifolia
- K. latifolia
- K. polifolia

KALOPANAX, Araliaceae
- K. pictus

KERRIA, Rosaceae
- K. japonica
- K. japonica pleniflora

KOELREUTERIA, Sapindaceae
- K. paniculata

KOLKWITZIA, Caprifoliaceae
- K. amabilis

LABURNUM, Leguminosae
- L. alpinum
- L. anagyroides
- L. Watererii

LAGERSTROEMIA, Lythraceae
- L. indica
- L. indica alba
- L. indica purpurea
- L. indica rubra

LARIX, Pinaceae
- L. laricina
- L. leptolepis

LAVANDULA, Labiatae
- L. officinalis
- L. officinalis rosea

LEDUM, Ericaceae
- L. groenlandicum

LEIOPHYLLUM, Ericaceae
L. buxifolium

LEITNERIA, Leitneriaceae
L. floridana

LEPTODERMIS, Rubiaceae
L. oblonga

LEPTOSPERMUM, Myrtaceae
L. scoparium

LESPEDEZA, Leguminosae
L. bicolor
L. japonica
L. Thunbergii

LEUCOTHOË, Ericaceae
L. axillaris
L. Catesbaei
L. Keiskei
L. populifolia
L. racemosa
L. recurva

LEYCESTERIA, Caprifoliaceae
L. formosa

LIBOCEDRUS, Pinaceae
L. decurrens

LIGUSTRUM, Oleaceae
L. Ibota
L. lucidum
L. obtusifolium obovatum
L. obtusifolium Regelianum
L. ovalifolium
L. ovalifolium variegatum
L. Quihoui
L. vulgare
L. vulgare pyramidale
L. vulgare sempervirens

LINDERA, Lauraceae
L. Benzoin
L. Benzoin xanthocarpa

LIQUIDAMBAR, Hamamelidaceae
L. Styraciflua
L. formosana

LIRIODENDRON, Magnoliaceae
L. Tulipifera
L. Tulipifera fastigiata

LONICERA, Caprifoliaceae
L. chrysantha
L. fragrantissima
L. involucrata alpina
L. involucrata humilis
L. involucrata serotina
L. Korolkowii floribunda
L. Korolkowii Zabelii
L. Maackii
L. Maximowiczii sachalinensis
L. Morrowii
L. nitida
L. pileata
L. Purpusii
L. Ruprechtiana
L. sempervirens superba
L. spinosa Albertii
L. Standishii
L. syringantha Wolfii
L. tatarica
L. tatarica alba
L. tatarica angustifolia
L. tatarica Findleyi
L. tatarica gracilis
L. tatarica latifolia

LYCIUM, Solanaceae
L. chinensis
L. halimifolium

LYONIA, Ericaceae
- L. lucida
- L. mariana

MAACKIA, Leguminosae
- M. amurensis

MAGNOLIA, Magnoliaceae
- M. acuminata
- M. cordata
- M. denudata
- M. Fraseri
- M. grandiflora
- M. Kobus
- M. liliflora nigra
- M. macrophylla
- M. obovata
- M. salicifolia
- M. Sieboldii
- M. Soulangeana
- M. Soulangeana alba
- M. Soulangeana Alexandrina
- M. Soulangeana Lennei
- M. stellata
- M. stellata rosea
- M. stellata Water Lily
- M. Thompsoniana
- M. tripetala
- M. virginiana

MAHONIA, Berberidaceae
- M. Aquifolium
- M. Bealei
- M. repens

MALUS, Rosaceae
- M. arnoldiana
- M. baccata mandshurica
- M. brevipes
- M. coronaria Charlotte
- M. florentina

MALUS, Rosaceae
- M. floribunda
- M. floribunda atropurpurea
- M. glaucescens
- M. Halliana Parkmanii
- M. hupehensis
- M. hupehensis rosea
- M. ioensis plena
- M. micromalus
- M. prunifolia Rinki
- M. pumila Baldwin
- M. pumila Fameuse
- M. pumila McIntosh
- M. pumila Niedzwetzkyana
- M. purpurea aldenhamensis
- M. purpurea Eleyi
- M. purpurea Lemoinei
- M. robusta
- M. Sargenti
- M. Scheideckeri
- M. Sieboldii
- M. spectabilis albi-plena
- M. sublobata
- M. toringoides
- M. Tschonoskii
- M. Zumi
- M. Cashmere Crab
- M. Dolgo Crab
- M. Hopa

MELIA, Meliaceae
- M. Azedarach

METASEQUOIA, Pinaceae
- M. glyptostrobioides

MITCHELLA, Rubiaceae
- M. repens

MORUS, Moraceae
- M. alba
- M. nigra

MYRICA, Myricaceae
- M. cerifera
- M. Gale
- M. pensylvanica

NANDINA, Berberidaceae
- N. domestica

NEILLIA, Rosaceae
- N. sinensis

NEMOPANTHUS, Aquifoliaceae
- N. mucronatus

NEVIUSIA, Rosaceae
- N. alabamensis

NYSSA, Nyssaceae
- N. sylvatica

OSMANTHUS, Oleaceae
- O. ilicifolius

OSMAREA, Oleaceae
- O. Burkwoodii

OSTRYA, Betulaceae
- O. virginiana

OXYDENDRUM, Ericaceae
- O. arboreum

PACHISTIMA, Celastraceae
- P. Canbyi

PACHYSANDRA, Buxaceae
- P. procumbens
- P. terminalis

PAEONIA, Ranunculaceae
- P. lutea
- P. suffruticosa
- P. suffruticosa hybrids:
  - Athlete

P. suffruticosa hybrids:
- Argosy
- August Ravel
- Baronne d'Ales
- Beikoku
- Berenice
- Blanche de Noisette
- Carolina d'Italie
- Comtesse de Crawford
- Comtesse de Tudor
- Coquette des Blanches
- Dawn
- de Bugney
- Fuji-no-mine
- Fuji-no-mori
- Fuyoren
- Guillaume Tell
- Gumpow
- Haku-banriu
- Jeanne d'Arc
- Kagura-jishi
- Lactea
- La Ville de St. Denis
- Louise Mouchelet
- Marquis de Clapiers
- Meteore
- Mme. de Vatry
- Mme. La Marquise de Vogue
- Moutan
- Ohshokun
- Osiris
- Otome-no-mai
- Primrose
- Princess Mathilda
- Regina Belgica
- Reine Elizabeth
- Rein-kahu
- Robert Fortune
- Ruriban

P. suffruticosa hybrids:
- Shiro-kagura
- Shishinotategama
- Shuchiuka
- Souv. de Chenonceaux
- Souv. de Maxime Cornu
- Ukaregiohi
- Yomo-no-homare

PARROTIA, Hamamelidaceae
- P. persica

PARTHENOCISSUS, Vitaceae
- P. quinquefolia
- P. tricuspidata Lowii
- P. tricuspidata Veitchii

PAULOWNIA, Scrophulariaceae
- P. tomentosa

PENSTEMON, Scrophulariaceae
- hyb. Fire Bird
- hyb. Garnet

PEROVSKIA, Labiatae
- P. atriplicifolia

PERSEA, Lauraceae
- P. Borbonia

PHELLODENDRON, Rutaceae
- P. amurense
- P. japonicum
- P. Lavallei
- P. sachalinense

PHILADELPHUS, Saxifragaceae
- P. argyrocalyx
- P. coronarius
- P. cymosus Atlas
- P. cymosus Bannière
- P. Henryi
- P. incanus
- P. purpurascens

PHILADELPHUS, Saxifragaceae
- P. purpureo-maculatus Ophelia
- P. purpureo-maculatus Romeo
- P. Rafinesquinanus
- P. splendens
- P. subcanus Wilsonii
- P. virginalis

PHILLYREA, Oleaceae
- P. decora

PHOTINIA, Rosaceae
- P. parvifolia
- P. serrulata
- P. villosa

PHYSOCARPUS, Rosaceae
- P. opulifolius
- P. opulifolius luteus

PICEA, Pinaceae
- P. Abies
- P. Abies nigra
- P. asperata
- P. glauca
- P. mariana
- P. Omorika
- P. orientalis
- P. polita
- P. pungens
- P. pungens Hoopsii
- P. Wilsonii

PIERIS, Ericaceae
- P. floribunda
- P. japonica
- P. taiwanensis

PINUS, Pinaceae
- P. Armandi
- P. Bungeana
- P. Cembra
- P. cembroides monophylla

PINUS, Pinaceae
P. densiflora oculus-draconis
P. densiflora umbraculifera
P. Griffithii
P. Mugo Mughus
P. nigra
P. nigra austriaca
P. pungens
P. resinosa
P. rigida
P. Strobus
P. sylvestris
P. sylvestris Watereri
P. Thunbergii

PLATANUS, Platanaceae
P. acerifolia
P. occidentalis
P. orientalis

PODOCARPUS, Taxaceae
P. macrophyllus maki

POLYGONUM, Polygonaceae
P. Auberti

PONCIRUS, Rutaceae
P. trifoliata

POPULUS, Salicaceae
P. alba pyramidalis
P. deltoides
P. tremuloides

POTENTILLA, Rosaceae
P. fruticosa mandshurica
P. fructicosa Gold Drop
P. fructicosa Snow Flake

PRINSEPIA, Rosaceae
P. sinensis
P. uniflora
P. uniflora serrata

PRUNUS, Rosaceae
P. avium plena
P. canescens
P. glandulosa albo-plena
P. incisa serrata
P. japonica Brooks
P. japonica Black Beauty
P. japonica Prolific
P. Laurocerasus
P. Laurocerasus schipkaensis
P. Laurocerasus Zabeliana
P. maritima
P. Maximowiczii
P. persica Belle of Georgia
P. persica Champion
P. persica Elberta
P. persica Golden Jubilee
P. persica J. H. Hale
P. persica Hale Haven
P. Sargenti
P. serrulata Fugenzo
P. subhirtella autumnalis
P. subhirtella pendula
P. tomentosa
P. triloba
P. triloba multiplex
P. yedoensis

PSEUDOLARIX, Pinaceae
P. amabilis

PSEUDOTSUGA, Pinaceae
P. taxifolia

PTELEA, Rutaceae
P. trifoliata

PTEROSTYRAX, Styracaceae
P. hispida

PUNICA, Punicaceae
P. Granatum

PYRACANTHA, Rosaceae
P. coccinea
P. coccinea Lalandii

PYRUS, Rosaceae
P. Calleryana
P. communis Bartlet
P. communis Seckel

QUERCUS, Fagaceae
Q. alba
Q. bicolor
Q. borealis
Q. calvescens
Q. Cerris
Q. coccinea
Q. coccinea tuberculata
Q. dentata
Q. heterophylla
Q. hyb. Gibbsii
Q. imbricaria
Q. Jackiana
Q. laurifolia
Q. liaotungensis
Q. lyrata
Q. macrocarpa
Q. marilandica
Q. mongolica grosseserrata
Q. montana
Q. palustris
Q. Phellos
Q. Prinus
Q. robur
Q. robur fastigiata
Q. Sargentii
Q. velutina

RHAMNUS, Rhamnaceae
R. crenata
R. davurica
R. Frangula

RHAMNUS, Rhamnaceae
R. infectoria
R. Schneideri manshurica

RHODODENDRON, Ericaceae
R. Albrechti
R. arborescens
R. arbutifolium
R. calendulaceum
R. canadense
R. canescens
R. carolinianum
R. carolinianum album
R. Catawbiense
R. Fortunei
R. laetevirens
R. luteum macranthum Red Salmon
R. maximum
R. maximum album
R. maximum purpureum
R. minus
R. minus hybrid
R. molle
R. mucronatum
R. mucronatum amethystinum
R. mucronatum Sekidera
R. mucronulatum
R. myrtifolium
R. nudiflorum
R. obtusum amoenum
R. obtusum arnoldianum
R. obtusum japonicum
R. obtusum japonicum Apple Blossom
R. obtusum japonicum Benigiri
R. obtusum japonicum Bridesmaid
R. obtusum japonicum Cherry Blossom

RHODODENDRON, Ericaceae

R. obtusum japonicum Christmas Cheer
R. obtusum japonicum Daybreak
R. obtusum japonicum Flame
R. obtusum japonicum Hinodegiri
R. obtusum japonicum Hinomayo
R. obtusum japonicum Kathleen
R. obtusum japonicum Othello
R. obtusum japonicum Pink Pearl
R. obtusum japonicum Red Progress
R. obtusum japonicum Salmon Beauty
R. obtusum japonicum Snow
R. obtusum japonicum Snow Queen
R. obtusum japonicum Sunstar
R. obtusum japonicum W. E. Moon
R. obtusum Kaempferi
R. pentaphylla
R. ponticum
R. pulchrum phoeniceum Maxwellii
R. racemosum
R. Sanderi
R. Sanderi Vivid
R. Schlippenbachi
R. Smirnowii
R. Vaseyi
R. viscosepalum Daviesii
R. viscosum
R. yedoense
R. yedoense poukhanense

RHODODENDRON, Hybrids

Album elegans
Album grandiflorum
America
Atrosanquineum
Boule de Neige
Candidissimum
Caractacus
Catawbiense Album
Catawbiense Grandiflorum
Charles Bagley
Charles Dickens
C. S. Sargent
Cunningham's White
Delicatissimum
Discolor Hybrid G3
Discolor Hybrid G23
Discolor Hybrid G24
Discolor Hybrid G42
Discolor Hybrid G43
Dr. H. C. Dresselhuys
Dr. H. J. Lovink
Dr. V. H. Rutgers
Edward S. Rand
Everestianum
F. Bettex
F. D. Godman
F. L. Ames
Giganteum
Gomer Waterer
H. W. Sargent
Ignatius Sargent
Kettledrum
Lady Armstrong
Lady Clermont
Lady Grey Egerton
Lee's Dark Purple
Marquis of Waterford

RHODODENDRON, Hybrids
Mrs. Charles Sargent
Mrs. Milner
Mrs. P. Den Ouden
Mrs. R. S. Holford
Old Port
Parsons Gloriosum
Parsons Grandiflorum
Pres. Lincoln
Purpureum Elegans
Purpureum Grandiflorum
Roseum Elegans
VanWeerden Poelman

RHODOTYPOS, Rosaceae
R. scandens

RHUS, Anacardiaceae
R. aromatica
R. copallina
R. glaba
R. typhina

RIBES, Saxifragaceae
R. sativum Red Lake

ROBINIA, Leguminosae
R. hispida
R. Kelseyi
R. Pseudoacacia

ROSA, Rosaceae
R. alba
R. blanda
R. canina
R. carolina
R. centifolia
R. centifolia muscosa Blanche Moreau
R. centifolia muscosa Malvina
R. centifolia Vierge de Clery
R. chinensis minima

ROSA, Rosaceae
R. chinensis minima Baby Gold Star
R. chinensis minima Midget
R. chinensis minima Pixie
R. chinensis minima Red Elk
R. chinensis minima Sweet Fairy
R. chinensis minima Tom Thumb
R. damascena
D. damascena Marie Louise
R. damascena trigintipetala
R. Ecae
R. Eglanteria
R. foetida
R. gallica
R. gallica Agatha
R. gallica Cardinal de Richelieu
R. Harisonii
R. Hugonis
R. Maximowicziana Jackii
R. Moyesii
R. multiflora
R. palustris
R. rugosa
R. rugosa alba
R. rugosa albo-plena
R. rugosa Agnes
R. rugosa Arnould
R. rugosa Blanc Double de Coubert
R. rugosa Conrad Ferdinand Meyer
R. rugosa Delicata
R. rugosa Dr. Eckener
R. rugosa Hansa
R. rugosa Mme. Geo. Bruant
R. rugosa Mrs. Anthony Waterer
R. rugosa New Century
R. rugosa Nova Zembla

ROSA, Rosaceae
- R. rugosa Oratam
- R. rugosa Sarah van Fleet
- R. rugosa Schneezwerg
- R. rugosa Stella Polaris
- R. rugosa Stern von Prag
- R. rugosa Vanguard
- R. setigera
- R. setipoda
- R. spinosissima
- R. spinosissima altaica
- R. spinosissima Stanwell Perpetual
- R. virginiana
- R. Watsoniana
- R. Wichuriana
- R. xanthina
- R. xanthina allard

RUSCUS, Liliaceae
- R. aculeatus

SALIX, Salicaceae
- S. babylonica
- S. babylonica crispa
- S. discolor
- S. Friesiana
- S. Matsudana tortuosa
- S. nigra
- S. pentandra
- S. purpurea nana
- S. tristis

SAMBUCUS, Caprifoliaceae
- S. canadensis

SANTOLINA, Compositae
- S. Chamaecyparissus

SARCOCOCCA, Buxaceae
- S. Hookeriana humilus
- S. ruscifolia

SASSAFRAS, Lauraceae
- S. albidum

SATUREJA, Labiatae
- S. caroliniana

SCIADOPITYS, Pinaceae
- S. verticillata

SECURINEGA, Euphorbiaceae
- S. suffruticosa

SEDUM, Crassulaceae
- S. populifolium

SEQUOIA, Pinaceae
- S. sempervirens

SHEPHERDIA, Elaeagnaceae
- S. argentea

SILENE, Caryophyllaceae
- S. cholraefolia
- S. Shafta

SINOWILSONIA, Hamamelidaceae
- S. Henryi

SKIMMIA, Rutaceae
- S. japonica

SOPHORA, Leguminosae
- S. japonica
- S. viciifolia

SORBARIA, Rosaceae
- S. Aitchisonii
- S. arborea
- S. sorbifolia
- S. sorbifolia stellipila
- S. tomentosa

SORBUS, Rosaceae
- S. americana
- S. aucuparia
- S. aucuparia xanthocarpa
- S. hybrida Gibbsii
- S. thuringiaca
- S. torminalis

SPIRAEA, Rosaceae
- S. arguta
- S. Billiardii
- S. Bumalda
- S. Douglasii
- S. prunifolia
- S. Thunbergii
- S. trichocarpa
- S. tomentosa
- S. Vanhouttei

STAPHYLEA, Staphyleaceae
- S. colchica
- S. pinnata

STEPHANANDRA, Rosaceae
- S. incisa

STEWARTIA, Theaceae
- S. koreana
- S. Malacodendron
- S. monadelpha
- S. ovata
- S. ovata grandiflora
- S. Pseudocamellia
- S. serrata

STRANVAESIA, Rosaceae
- S. Davidiana

STYRAX, Styracaceae
- S. japonica
- S. Obassia

SYMPHORICARPOS, Caprifoliaceae
- S. albus
- S. Chenaultii
- S. mollis
- S. orbiculatus
- S. orbiculatus leucocarpus
- S. oreophilus

SYMPLOCUS, Symplocaceae
- S. paniculata
- S. tinctoria

SYRINGA, Oleaceae
- S. amurensis japonica
- S. chinensis
- S. chinensis alba
- S. chinensis duplex
- S. chinensis metensis
- S. chinensis Pres. Hayes
- S. emodi
- S. Henryi Lutece
- S. hyacinthiflora Assessippi
- S. hyacinthiflora Berryer
- S. hyacinthiflora Buffon
- S. hyacinthiflora Catinat
- S. hyacinthiflora Claude Bernard
- S. hyacinthiflora Descartes
- S. hyacinthiflora Lamartine
- S. hyacinthiflora Louvois
- S. hyacinthiflora Mirabeau
- S. hyacinthiflora Montesquieu
- S. hyacinthiflora Necker
- S. hyacinthiflora Pascal
- S. hyacinthiflora plena
- S. hyacinthiflora Pocahontas
- S. hyacinthiflora Vauban
- S. hyacinthiflora Villars
- S. Josikaea
- S. Julianae
- S. microphylla
- S. nanceiana Floreal
- S. oblata
- S. oblata alba
- S. oblata dilatata
- S. oblata Giraldii
- S. pekinensis
- S. persica
- S. persica-alba

SYRINGA, Oleaceae
- S. persica laciniata
- S. persica rubra major
- S. pinnatifolia
- S. Prestoniae Handel
- S. Prestoniae Hecla
- S. Prestoniae Hiawatha
- S. Prestoniae Horace
- S. Prestoniae Lucetta
- S. Prestoniae Viola
- S. pubescens
- S. reflexa
- S. Sweginzowii
- S. Sweginzowii Hedin
- S. tomentella
- S. velutina
- S. villosa
- S. vulgaris
- S. Wolfii
- S. yunnanensis

SYRINGA, Vulgaris Hybrids:
- Abel Carrière
- Adelaide Dunbar
- Alba
- Alba Virginalis
- Aline Mocqueris
- Allison Gray
- Alphonse Lavallee
- Ami Schott
- Arthur William Paul
- Belle de Nancy
- Bleuatre
- Boussingault
- Candeur
- Capitaine Perrault
- Cavour
- Charles Baltet
- Charles Hepburn

SYRINGA, Vulgaris Hybrids:
- Charles Joly
- Charles Sargent
- Charles X
- Clara
- Clara Cochet
- Colbert
- Comte de Kerchove
- Comtesse Horace de Choiseuil
- Condorcet
- Congo
- Dame Blanche
- Danton
- Dawn
- De Croncels
- De Humboldt
- De Louvain
- De Miribel
- De Saussure
- Desfontaines
- Deuil d'Emile Galle
- Diderot
- Doyen Keteleer
- Dr. Charles Jacobs
- Dr. Maillot
- Dr. Masters
- Dr. Troyanowsky
- Dr. von Regel
- Duc de Massa
- Dusk
- Edith Cavell
- Edmond About
- Edmond Boissier
- Edouard Andre
- Emile Gentil
- Emile Lemoine
- Etna
- Frau Bertha Dammann
- Fuerst Lichtenstein
- Gaudichaud

SYRINGA, Vulgaris Hybrids:
- Geant des Battailles
- General Grant
- General Sheridan
- Georges Bellair
- Gilbert
- Gloire de Lorraine
- Gloire de Moulins
- Godron
- Goliath
- Grace Orthwaite
- Grand-Duc Constantin
- Guizot
- Henri Martin
- Hippolyte Maringer
- Hiram H. Edgerton
- Hugo Koster
- Jan von Tol
- Jean Bart
- Jean Desrailles
- Jean Mace
- Jeanne d'Arc
- Jordan
- Jules Ferry
- Jules Simon
- Julien Gerardin
- Kate Harlin
- Katherine Havemeyer
- Lamarck
- Laplace
- La Tour d'Auvergne
- Laura L. Barnes
- Le Gaulois
- Le Notre
- Leon Gambetta
- Leon Simon
- Leopold II
- Le Printemps
- Lilarosa
- Linne
- L'Oncle Tom
- Louis Henry
- Lucie Baltet
- Ludwig Spaeth
- Madeleine Lemaire
- Marceau
- Marc Micheli
- Marechal de Bassompierre
- Marechal Foch
- Marechal Lannes
- Marengo
- Marie Finon
- Marie Legraye
- Marleyensis
- Massena
- Maurice Barres
- Maurice de Vilmorin
- Maxime Cornu
- Maximowicz
- Michel Buchner
- Milton
- Miss Ellen Willmott
- Mme. Abel Chatenay
- Mme. Amélie Duprat
- Mme. Antoine Buchner
- Mme. Briot
- Mme. Casimir Perier
- Mme. de Miller
- Mme. Felix
- Mme. Florent Stepman
- Mme. F. Morel
- Mme. Henri Guillaud
- Mme. Jules Finger
- Mme. Jules Simon
- Mme. Kreuter
- Mme. Lemoine
- Mme. Leon Simon
- Monge

SYRINGA, Vulgaris Hybrids:
- Montaigne
- Mont Blanc
- Monument Carnot
- Moonlight
- Mrs. Edward Harding
- Mrs. Watson Webb
- Naudin
- Negro
- Nigricans
- Obelisque
- Olivier de Serres
- Paradise
- Pasteur
- Paul Deschanel
- Paul Hariot
- Paul Thirion
- Perle von Stuttgart
- Philemon
- Pres. Carnot
- Pres. Fallières
- Pres. Grevy
- Pres. Lambeau
- Pres. Loubet
- Pres. Poincare
- Pres. Viger
- Prince de Beauvau
- Princess Alexander
- Princesse Clementine
- Priscilla
- Professor Sargent
- Professor E. Stoekhardt
- Pyramidal
- Reaumur
- Reine Elizabeth
- René Jarry-Desloges
- Ronsard
- Royal Blue
- Ruhm von Horstenstein
- Sargent's Lilac

SYRINGA, Vulgaris Hybrids:
- Saturnale
- Siebold
- Sonia Colfax
- Souvenir de Henri Simon
- Stadtgartner Rothpletz
- The Barnes Foundation
- Tombouctou
- Toussaint-Louverture
- Van Aerschott
- Verschaffeltii
- Vestale
- Violetta
- Virginite
- Viviand-Morel
- Voicie
- Volcan
- Waldeck-Rousseau
- White Swan
- William C. Barry
- William Robinson

TAMARIX, Tamaricaceae
- T. gallica
- T. pentandra
- T. pentandra purpurea
- T. pentandra Summer Glow

TAXODIUM, Pinaceae
- T. distichum

TAXUS, Taxaceae
- T. baccata
- T. baccata adpressa
- T. baccata Dovastonii
- T. baccata fastigiata
- T. baccata Overeindii
- T. baccata repandens
- T. baccata stricta
- T. brevifolia

TAXUS, Taxaceae
- T. canadensis
- T. canadensis stricta
- T. chinensis
- T. cuspidata
- T. cuspidata aurescens
- T. cuspidata densa
- T. cuspidata nana
- T. media Hatfieldii
- T. media Hicksii

TEUCRIUM, Labiatae
- T. Chamaedrys

THUJA, Pinaceae
- T. occidentalis
- T. occidentalis globosa
- T. occidentalis fastigiata
- T. occidentalis Ohlendorfii
- T. occidentalis spiralis
- T. orientalis
- T. plicata Hillierii
- T. plicata zebrina

THUJOPSIS, Pinaceae
- T. dolobrata nana

THYMUS, Labiatae
- T. Serphyllum
- T. vulgaris

TILIA, Tiliaceae
- T. americana
- T. cordata
- T. dasystyla
- T. europaea

TORREYA, Taxaceae
- T. nucifera

TRIPTERYGIUM, Celastraceae
- T. Regelii

TSUGA, Pinaceae
- T. canadensis
- T. canadensis pendula
- T. caroliniana
- T. diversifolia
- T. Sieboldii

ULMUS, Ulmaceae
- U. americana
- U. pumila
- U. Thomasii

UNGNADIA, Sapindaceae
- U. speciosa

VACCINIUM, Ericaceae
- V. corymbosum
- V. Torreyanum
- V. Vitis-idaea minus

VIBURNUM, Caprifoliaceae
- V. acerifolium
- V. betulifolium
- V. bitchiuense
- V. bracteatum
- V. buddleifolium
- V. burejaeticum
- V. Burkwoodii
- V. Carlesii
- V. cassinoides
- V. dentatum
- V. dilatatum
- V. fragrans
- V. hirsutulum
- V. hupehense
- V. Lantana
- V. Lentago
- V. lobophyllum
- V. macrocephalum
- V. molle

VIBURNUM, Caprifoliaceae
- V. Opulus
- V. Opulus nanum
- V. Opulus variegatum
- V. ovatifolium
- V. prunifolium
- V. pubescens
- V. pubescens longifolium
- V. rhytidophyllum
- V. rufidulum
- V. Sargenti
- V. setigerum
- V. setigerum aurantiacum
- V. Sieboldii
- V. tomentosum
- V. tomentosum sterile
- V. trilobum
- V. utile
- V. Veitchii
- V. Wrightii

VINCA, Apocynaceae
- V. minor
- V. minor alba
- V. minor alpina
- V. minor Bowlesii
- V. minor floraplena

VITEX, Verbenaceae
- V. Agnus-castus
- V. Agnus-castus alba
- V. Agnus-castus rosea
- V. Negundo incisa

WEIGELA, Caprifoliaceae
- W. Bristol Ruby
- W. candida
- W. florida
- W. florida venusta
- W. Groenewegenii
- W. praecox Fleur de Mai
- W. Stelznerii
- W. Vanicekii
- W. Verschaffeltii

WISTERIA, Leguminosae
- W. sinensis
- W. sinensis alba
- W. sinensis rosea

XANTHOCERAS, Sapindaceae
- X. sorbifolium

XANTHORHIZA, Ranunculaceae
- X. simplicissima

YUCCA, Liliaceae
- Y. filamentosa

ZANTHOXYLUM, Rutaceae
- Z. americanus
- Z. simulans

ZELKOVA, Ulmaceae
- Z. serrata

ZENOBIA, Ericaceae
- Z. pulverulenta

ZIZYPHUS, Rhamnaceae
- Z. jujuba

CPSIA information can be obtained
at www.ICGtesting.com
Printed in the USA
LVHW040502290322
714677LV00003B/277

9 781015 050891